我的自然观察笔记

这本书属于

作者简介

[韩]朴性浩

韩国电视制作人，在"2001SBS VJ影视比赛"中凭借其作品《夏天的记录——盘浦知了》获得优秀奖，在"2001电视委员会大奖"中凭借《五天工作制特别企划——好吃好喝》获得企划奖。现致力于制作《夏天的记录——盘浦知了2》《南山青蛙》等纪录片。

[韩]金东成

韩国画家，毕业于弘益大学绘画专业。作品有《和叔叔一起骑自行车旅游》《敲鼓的熊和李周洪的童话王国》《费娜丽小镇多利的家》等，深受读者喜爱。

知了，你在做什么？

观察蝉一生的点点滴滴

[韩]朴性浩/著　[韩]金东成/绘　邢青青/译

北京联合出版公司
Beijing United Publishing Co.,Ltd.

再次传递打开秘密的钥匙……

　　2000年的夏天，我无意间看到一只已经衰老，在死亡面前苦苦挣扎的知了。看到它，让我不由感叹再小的昆虫也会死去，这跟人类并无两样。自此之后，我便开始用摄像机记录知了绚烂精彩却又短暂艰难的一生，并且制作了《夏天的记录——盘浦知了》这部纪录片。本以为一个夏天就能完成的这部纪录片，出乎意料地花费了5年的时间。而且因为这部纪录片，我有幸写了这本有关知了的儿童书籍。

　　在炎热烦躁的城市中，不分昼夜鸣叫的知了无疑是很讨人厌的。这个世界并不仅仅是人类生活的地方。因为在很久以前，地球上是没有人类的，但是数不清的昆虫和动物从那时候起就已经默默地在此生活了。所以说，也许我们人类的存在，剥夺了其他动物生活的空间。即使是现在，我们也应该学习如何同其他生命和睦相处。

本书是关于我5年来观察知了的故事。而至今还有很多有关知了的谜题没被解开。现在这个秘密的钥匙将掌握在大家手中。那么我们一起来探索夏天知了在做什么吧?

在知了很多的盘浦洞

朴性浩

用笔记定格大自然的美好瞬间

"现代环保运动之母"、美国海洋生物学家蕾切尔·卡逊说过："那些感受大地之美的人，能从中获得生命的力量，直至一生。"

这与"我的自然观察笔记"的精神是那么契合。人们在繁杂的社会里摸爬滚打，或功成名就，或坎坷万千。当你受尽委屈和误会心灰意冷时，大自然会是最好的治疗师。

"我的自然观察笔记"系列展现给我们大自然的奇妙，更启发我们自然的博大。一只知了的叫声能惊醒我们观看生命演绎的精彩；一朵浪花拍打海岸的响声能带给我们自然运动的神奇；一棵久病缠身的老树阐释万千生命相互关联的道理；那些千年古树依旧健康存活至今，这个过程中又发生了哪些鲜为人知的故事呢？我们从自然世界的细枝末节找寻到了能够给予人类微言大义的真理。

从小亲近自然，养成随时把自己看到的和想到的事情记录下来的习惯，我们就可以积攒下越来越多的大自然的美好时刻，这些感想可以激发我们无限的想象力和创造力，了解发现和探索的意义；观察自然可以让我们所有的感官都活跃起来，从虫子到树木，再到自己的内心世界，让心变得更纯净、更明快……

"我的自然观察笔记"开启了科普阅读的新领域，一方面拓展孩子们的科学视野，另一方面改善孩子们的学习习惯和阅读习惯，阅读这套书可以用心感悟自然，用笔记录自然，用心阅读自然。

阅读，不仅仅是知识的积累，更是领悟精神的过程，读自然是感悟生命的力量，参透生命的意义。

编者谨识

2013年5月27日

目录

我受够夏天了！

大家好！我叫李秉圭。今年11岁啦。我很讨厌夏天，真是受够夏天了！你问我为什么？打开窗户听听吧。不分昼夜叫个不停的知了快把我吵死啦！但是突然有一天，我看到了一只掉在家门口的知了。看到它，我不禁想：这个讨厌的家伙，整天叫个不停，现在自作自受了吧。这只知了仰躺在地上，一直挥舞着腿脚。它仿佛并不想就这样死去，于是在激烈地挣扎。可过了一会儿，它就死掉了。这让我感到心里一震的同时，又觉得它有点可怜。从那天起，我便对知了的生活和死亡充满了兴趣。

初次见到知了的那天

7月24日 找不到知了

　　我想仔细看看知了到底长什么样子。因为长这么大，我还没认真观察过活的知了。我站在走廊上，拿着望远镜观察树。别说是知了了，我连一只蚂蚁都没看到。

　　"知了到底在哪儿呢？"

　　我走到庭院里，也没有发现知了。

　　"为什么看不到呢？"

　　突然间，我看到一只伏在低矮的树枝上的知了。我轻手轻脚地靠近，然后伸出一只手想抓住它。

　　"扑哧！"

　　也许是太用力，我把它捏碎了。原来它长得像知了，实际上却不是，而是知了壳。仔细看了下周围，我发现庭院里有很多知了壳。

　　这让我很郁闷。我回到家，喝了口凉水，便躺在床上。

　　"知了知了！"

　　外面又传来了知了的叫声，好像是在向我挑衅一样。这

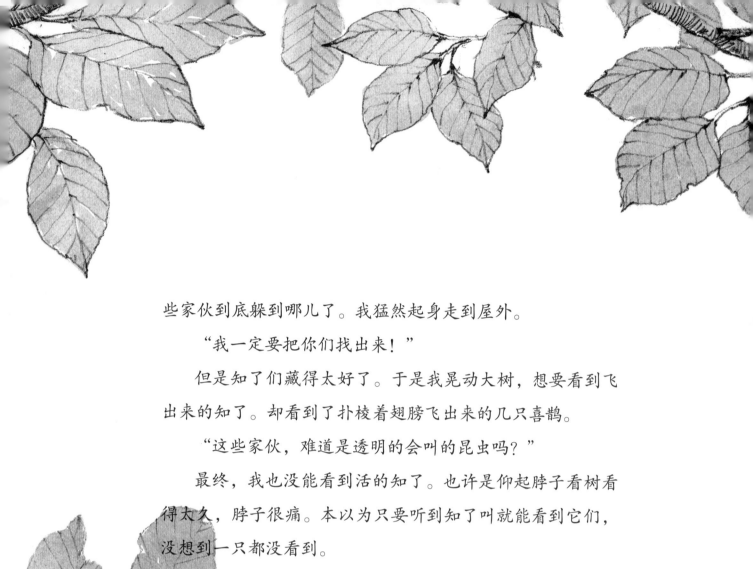

些家伙到底躲到哪儿了。我猛然起身走到屋外。

"我一定要把你们找出来！"

但是知了们藏得太好了。于是我晃动大树，想要看到飞出来的知了。却看到了扑棱着翅膀飞出来的几只喜鹊。

"这些家伙，难道是透明的会叫的昆虫吗？"

最终，我也没能看到活的知了。也许是仰起脖子看树看得太久，脖子很痛。本以为只要听到知了叫就能看到它们，没想到一只都没看到。

7月26日　终于看到了活的知了

　　早上起床后，我就跑到院子里。我决定今天不到处跑，只在一棵树底下寻找知了。我仰起脖子，眼睛不停地四处打量。终于，在树的中间部分看到了一只知了。

　　"呀，是知了！"

　　知了就像雕像一样一动不动地贴在树上。让我分不清它到底是活着还是死了。

　　"扑棱！"

　　知了飞走了。我终于看到了活的知了。在寻找了3天后，我终于找到了活的知了。但同时我产生了一个疑问。从那么多知了壳中出来的知了都去哪儿了呢？

7月27日 鼹鼠一样的知了

　　在我仔细观察知了壳的时候，警卫爷爷向我走了过来。他很好奇我在做什么。

　　"你在看什么呀？"

　　"我在找带壳的知了。但是所有的知了壳都是空的。"

　　"原来你在找知了幼虫啊？"

　　"嗯。"

　　"想要找知了幼虫，得傍晚才行。"

　　"为什么？"

　　"因为只有到了傍晚，知了幼虫才会从树附近的地下冒出头来。它们会从手指大小的洞里钻出来。"

　　"怎么会呢，它们又不是鼹鼠，怎么会从地下钻出来呢？"

　　"难道我还会向小孩子撒谎吗？"

　　"……"

　　"在六七点钟吧。正好是我每天巡逻的时间。每到那时候，我都会看到很多从地下钻出来，往树上爬的知了幼虫。要不要爷爷帮你找啊？"

　　警卫爷爷的话让我大吃一惊。爷爷还告诉了我一件关于

知了的很有趣的事情。

　　"在像你这么大的时候啊，我经常这座山那座山地跑着捡知了壳。"

　　"捡知了壳做什么呀？"

　　"把它拿到药房能换钱。因为知了壳能做药材。"

　　"爷爷！会爬的知了幼虫也会叫吗？"

可作药用的知了壳

　　中医将知了壳称为"蝉蜕"。肌肉拉伤时吃知了壳可以止痛。吃知了壳时，需将知了壳的头和腿去掉，研成细末，并同薄荷一起掺入水中服用。因为挖耳朵导致耳朵出血时，将研成细末的知了壳同香油混合，用棉签蘸少许抹在伤口处，如此反复2~3天之后伤口便会痊愈。现在我们去中药店，仍然可以看到用知了壳做的中药。由此可见古代人的智慧。

"知了幼虫不会叫。连知了幼虫也叫的话，那得多吵啊？"

回家后，我回想着和警卫爷爷的对话。

爷爷说知了幼虫像鼹鼠一样从地下钻出来，真让人不敢相信。而且爷爷竟然还说知了幼虫不会飞，只会爬……虽然不怎么相信，可是爷爷的样子也不像是说谎。不管怎么样，我都要亲眼确认下。

做了整晚的噩梦

7月28日　整晚被噩梦缠身

"知了幼虫是从地下爬出来的！"

得知这个事实后，我的心怦怦地剧烈跳起来。好像现在出去，就会发现一堆知了幼虫一样。正当我要去院子里的时候，被妈妈训了一顿。

"还不赶快进来！从今天开始，如果你不按照作息计划表做事的话，整个假期都不准去别的地方。"

我看了下作息计划表，上面写着从下午2点到4点是"特别学习"时间。我觉得观察知了也算是特别学习……

"妈妈，观察知了不也是特别学习嘛。"

"我整天要被知了的叫声吵死了。为什么要去做那种没有意义的事情？"

"……"

妈妈太不理解我了。最终直到傍晚时分，我才得以出门。我在庭院中来回转，可是一只知了幼虫都没发现。于是我开始仔细观察伏在树枝上的知了壳。知了壳是半透明的、

22

褐色的，而且它的背部裂开，上面沾满了土。模样与成年的知了十分相似，但是少了双翅膀，它只是知了蜕变后留下的空壳。

天渐渐变黑了，我从家里拿起手电筒，又跑到院子里寻找有可能爬出洞的知了幼虫。而且特意到警卫爷爷所说的大

知了幼虫身上沾满泥土的原因

知了幼虫生活在地下的洞穴中。由于它在地下不止生活一天两天或者几个月，而是生活几年，所以它需要一个坚实的洞穴。因此知了幼虫用尿液调和泥土，并将其砌成墙面，用背部打磨墙面。这样做可以使墙面像水泥砌成的墙面一样结实。知了幼虫这样做还有助于以后扩大洞穴的面积。当知了幼虫身体长得更大，需要扩充洞穴时，知了幼虫就继续挖土，并混合自己的尿液，砌在墙面上，这样可以减小土的密度，不必再往外运土。知了幼虫的身上之所以沾满了泥土，是因为在爬出地面之前，它需要不停地做这种工程。

树底下寻找。可是，我很失望地没有发现破洞而出的知了幼虫。不过我发现了别的有趣的事情。

那就是鼠妇（又称"潮虫"，是无脊椎动物节肢动物门甲壳动物亚门软甲纲等足目潮虫亚目潮虫科鼠妇属）和蚂蚁。鼠妇在树底下转来转去，蚂蚁也很忙。在树底下，数十只蚂蚁连成了一条线，不停地进进出出一个洞。这个洞大约有我的大拇指般大小。

"难道……对了，这肯定是知了幼虫的洞。"

看起来，好像是蚂蚁们想把知了幼虫的洞当作自己的家。也许知了幼虫还在洞里边，没法出来。于是我拿起一根小木棍开始挖这个洞。

"呀！"

刚开始挖，洞就垮塌了。眨眼之间便毁掉了蚂蚁们的成果，我感到很抱歉。但这对蚂蚁们来说也算是件好事啦。因为虽然洞堵住了，但我把知了幼虫翻了出来。发现知了幼虫后，蚂蚁们开始围攻知了幼虫。知了幼虫一动都没法动。我看到它身体往里缩了缩。蚂蚁们为了把知了幼虫带回家，开

始重新挖堵住的洞口。最终，知了幼虫成为了蚂蚁的食物。

当它们的这场激烈的争斗开始的时候，我几乎挪不动脚步，仿佛被迷住了一样，并且恍然大悟，原来可怕的知了幼虫也有天敌。正在我观察它们的争斗入迷时，走廊那边传来了妈妈的呼喊声。

"秉圭啊！还不赶快进来？"

"嗯，知道了。"

我敷衍地回答妈妈，继续观察蚂蚁和知了幼虫。好像蚂蚁们并不是要把知了幼虫搬回这个洞里。我仿佛窥测到了昆虫们神奇的世界，心怦怦地跳着。

"李秉圭！你为什么不听妈妈的话？"

妈妈走到了院子里来。

"我正要回去……"

回到家之后，我的心久久不能平静下来，眼前总是浮现那只因为我而成为蚂蚁食物的知了幼虫。虽然我回家了，可是小知了幼虫却失去了家，甚至失去了性命。我做了整晚的噩梦，梦里边，被天敌蚂蚁拖走的知了幼虫变成了巨大的怪物来找我。

知了的天敌

　　知了一生都被天敌所困扰。知了卵的天敌是蚋。当雌蝉把卵产在树枝上后，蚋就把自己的卵产在上面，以使蚋幼虫靠吃知了卵生长。而从卵中出生的知了幼虫必须要尽快从树上掉到地上。如果没有及时掉到地面，进入土中，知了幼虫就可能成为蚂蚁、蟾蜍或者鸟的食物。对于成年知了来说，最可怕的天敌则是麻雀和大山雀等以昆虫为生的鸟类以及蜘蛛、螳螂等动物。但近几年，由于环境污染，知了的天敌变少了，这也导致了现在知了数量的增多。

　　在生态学中，捕猎者和被捕猎者的关系形成了一个食物链。根据食物链的原理，只有各种动物均衡发展时，生态界才能保持平衡。当动物的天敌消失，导致该种动物数量增多时，生态的平衡便会被打破。

被螳螂捕获的知了

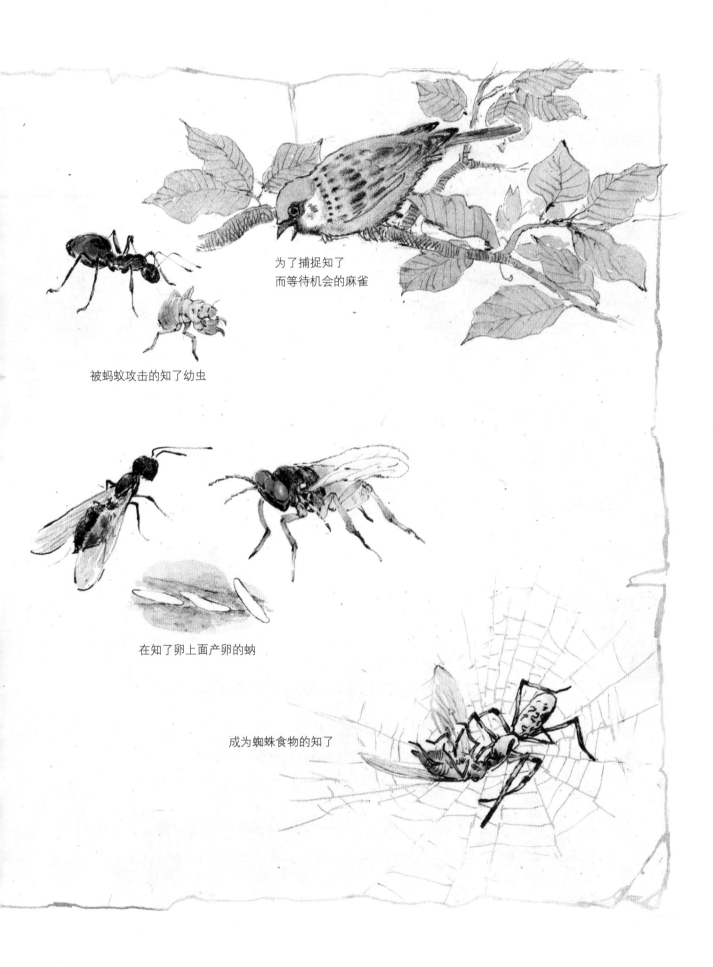

为了捕捉知了
而等待机会的麻雀

被蚂蚁攻击的知了幼虫

在知了卵上面产卵的蚋

成为蜘蛛食物的知了

迅速发现知了幼虫的方法

　　知了幼虫一般在下午5点到8点之间从地下爬出来。

　　一定要在没有草的地方等待幼虫的出现。因为草太多的地方不容易找到幼虫。

　　在知了壳多的树底下等待，发现知了幼虫的机会更多。

　　即使只有三四棵树，也要仔细观察，一定能发现知了幼虫。

飞不了的知了幼虫

8月1日　慢慢爬的知了幼虫

"知了壳上面有土，这是知了从土里钻出来的证据。警卫爷爷的话是对的。"

知了壳上面有好多土，而且正如警卫爷爷所说，大树底下有很多手指般大小的洞。可是我没有找到从土里冒出来的知了幼虫。

我仔细观察了庭院中知了壳最多的那棵树。昨天白天树上还只有两个知了壳，今天一看多出来四个。看来在我不在的时间，有四只知了脱壳而飞了。不过我突然发现最上面的那个知了壳背上并没有缝隙。

"难道这是只还没脱壳的知了幼虫吗？"

　　本来想继续守在一边，但是我得赶紧回家了。再不回家又要被妈妈训了。

　　吃完晚饭后，我再次跑到庭院中，发现最上面的那个知了壳已经空了。

　　"好可惜。本来是活的知了幼虫。"

　　我错过了一个很好的机会。就怪妈妈，如果不是因为妈妈，我也不会看不到知了幼虫……

　　不过幸运的是，我又发现了一只背上还没裂

开的知了幼虫。

这得多亏我一直在院子里待着。这只幼虫的背还没裂开，而且身上的土还很湿润。我靠近了点儿，它却一动不动的。我又随手拿了根木棍，轻轻地碰了碰它，它还是没有反应。于是我开始敲它。

"哎呀！"

我吓了一跳，差点坐在草地上。知了幼虫突然开始移动。这是我见过的第一只能动的知了幼虫。

在我观察知了幼虫的时候，太阳落山了，周围变得越来越黑。于是我打开手电筒，这时我发现了令人吃惊的一幕。之前我怎么找都没找到的知了幼虫一下子全都跑了出来。

"爷爷的话是对的，幼虫在太阳落山后出来。"

它们朝着树的方向移动。但是通向树的方向有着"一座接一座的大山"，再小的草和石块对幼虫来说，都是很大的障碍物。有的幼虫晃悠悠地爬到草的顶端，有的幼虫向陡峭的障碍物发起挑战，结果翻了个底朝天。

就像不会走路，只会爬行的小孩子一样，知了幼虫不像知了那样会飞，只会慢慢地爬。它们要很辛苦地爬到树上。刚开始，我还搞不清它们到底要爬到哪儿，过了会儿，我发现它们寻找的位置都很相似。其中大部分的知了幼虫爬到了树干上。一次爬不上去，就歇会儿接着爬。在幼虫休息的时

候，会遭到蚂蚁的袭击。蚂蚁们不停地在幼虫身上爬上爬下。

　　但是知了幼虫一点反应都没有。也许是对这个世界感到害怕，幼虫的眼睛闪烁着黑色的光芒，就像是失去妈妈的孩子害怕这个世界一样。

　　"秉圭啊！"

　　"唉！妈妈怎么非得在这时候叫我。"

　　再等会儿我就能看到知了幼虫蜕壳的过程了……虽然可惜，但是也没有办法。

 ## 每17年便成群出现的知了

　　在加拿大等北美国家，有一种每13年或17年钻出土壤的知了。这种按照一定周期出现的知了叫作"周期蝉"。这种知了每隔13年或17年便钻出土壤，因此也被称为"13年蝉"或"17年蝉"。这种周期蝉每次出现，数量都很巨大。2004年4月，在华盛顿等美国东部地区，上亿只17年蝉的出现震惊了当地居民。预计17年蝉在17年后的2021年，又将会突然出现，让人们大吃一惊。

知了的手表

庭院里的路灯亮了。太阳下山后，感觉比白天凉快多了。我发现了一只趴在树叶背面的知了幼虫。我打开手电筒看了看，壳里边好像有知了。再仔细观察了一下，它的两侧分别有两团浅绿色的东西，我猜那也许是翅膀。虽然幼虫一动也不动，但肯定有什么在变化着。我坐在地上，安静地望着幼虫。

"李秉圭！"

远处路灯那边传来了喊我的名字的声音。我望过去，原来是一个班的同学尚熙。尚熙跟我住在一栋楼里。

"你在这里做什么？"

"我感觉家里有点热……"

"我买了新游戏机，一起玩吧？"

"不了。明天吧。我要回去了。"

"我买了新的游戏机哎！"

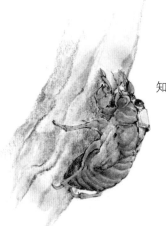

知了幼虫的背部竖直裂开，

为了脱掉外壳，
知了不停地挣扎，

在裂开的地方，知了的背部
和头部首先出来。

"我知道。你快回家吧。刚才好像你妈妈找你了。"

"我妈妈去外婆家了。"

"……"

我不想被别人发现我在观察知了。我想把它当作只属于我自己的小秘密。尚熙走之后，知了幼虫开始有了动作。

"裂开了，裂开了！"

不知不觉中我叫出了声。幼虫鼓鼓的背部裂开了一条竖直的缝隙，成年知了的头开始探出来。

蝉蜕到一半，知了的身子往后倾斜，
休息片刻后，知了继续用力
使下半身挣脱出来。

湿漉漉的翅膀被风吹干后伸展开来。

知了壳中湿漉漉的翅膀呈团状。

　　然后露出背部和肚子。知了从知了壳中出来的样子，就好像把睡袋的拉链拉到一半，身体想要伸出来的样子一样。为了使劲把剩下的部分从知了壳中挣脱出来，知了摇晃了很多次脑袋和前腿。从壳中完全出来以后，知了的前腿趴在壳的头部。虽然已经完全出来了，可是知了好像在等待着什么。如果不是亲眼看到这一过程，我是不会相信知了是从知了壳中出来的。

　　环顾四周，家家户户都亮起了灯，路灯也闪耀着明亮的光芒。但是看到知了从知了壳中出来的人只有我一个。

趴在知了壳上的这段时间里，知了湿漉漉的翅膀开始变干，并伸展开来。知了从知了壳中完全出来大概花了一个半小时的时间。

"咦，这只知了的颜色怎么这样。知了应该是黑色的，这只是黄色呀，还有一部分是浅绿色。这是知了吗？"

真是只奇怪的知了，世界上原来还有这样的知了。过了一会儿，知了爬过已被它蜕下的壳，开始往上爬。虽然现在它的翅膀看上去跟成年知了没什么两样，但好像还不能用。知了爬到很高的地方。我看了下周围，附近还有正在从壳中出来的知了，可是该回家了。

回到家后，我很有倾诉的欲望，想把今天看到的事情告诉别人。于是，我跑到妈妈跟前。

"妈妈。刚才我在院子里看到知了幼虫蜕壳了。不知道有多神奇呢。"

"……"

妈妈望着我，一句话都没说。她好像没法理解我。我一边弯腰模仿知了蜕壳的样子，一边跟妈妈解说。但是妈妈根本没听我在讲什么。

"你为什么总做这些奇怪的事情呢？明天再这么晚回来，妈妈要生气了。知道了吗？"

"知道了。"

我有气无力地回答道。这件事情没法跟尚熙说，只能跟妈妈说的……

不管怎么样，我今天的心情特别好。因为我不仅看到了想看的知了幼虫，还看到了知了幼虫蜕壳的样子。原来知了幼虫在长成成年知了前要经过那么多痛苦和磨练呢。

8月6日　一个谜题

每次看电视里边的大自然纪录片，我都会觉得很神奇。怎么会拍到这样的场景呢？但后来我才知道，只要对昆虫有稍微的了解就可以做到这些。在见到知了幼虫蜕壳的样子后，我又见过很多次一样的场景，并且发现了很多知了幼虫的洞，然后我产生了一个疑问。

"这些家伙为什么只在太阳落山的时候出来呢？而且蜕壳的时间也差不多。它们在地底下商量好了之后出来的吗？"

在连续几天观察了知了幼虫蜕壳的场景后，我发现了它们的一个共同之处。那就是幼虫们从地底钻出来的时间和开始蜕壳的时间都差不多。即使有的幼虫从地底钻出来的时间比较早，它也会待在树上，和后来爬出来的幼虫在差不多的

生物钟是什么？

动物或者植物都会在一定的时间内有规律地做某种事情。这种有规律的活动不是外部原因引起的，而是由内部原因造成的。动植物的这种行为被人们称为"生物钟的行为"。这种行为不仅每天都会重复，而且在每年相同的时间里重复。即使不是反复的某种行为，而是同一种动植物在相同的时间内有特定的行为或者变化，也被称为生物钟的行为。知了幼虫全都在相同的时间里蜕壳正是生物钟的行为。

那么知了幼虫在地底是如何把握时间的呢？美国科学家将还有两年才能成为知了的幼虫带到实验室，埋在树根下。

时间里蜕壳。

晚到的知了幼虫一旦爬到树上，就立刻开始蜕壳。就好像它们约好了一样。它们好像有手表一样，确认好了时间共同蜕壳。于是我问爸爸这是怎么回事。

"爸爸，知了难道戴手表了吗？不然它们怎么能在一样的时间里蜕壳呢？"

"爸爸也不清楚知了幼虫为什么会这样，不过昆虫们可以在差不多的时间里反复做一样的事情。这就是'生物钟'。"

"生物钟？"

爸爸怕我不明白，给我解释了很多遍。虽然不明白爸爸说的是什么，但是好像这个词很帅。

然后使树一年开两次花。结果知了幼虫在一年不到的时间里就爬了出来，准备蜕壳。知了幼虫依靠吸食树根的汁液生存。因此它们熟知每个季节根的变化。每年春天来临之时，为了开花，树会从根部吸收糖分和蛋白质。在树根底下的知了幼虫就是通过树的这种生理变化把握时间的。

暴雨倾盆的夏夜

今天我又看到三四只蜕壳的知了。本来好好的天突然变黑，开始下雨。夏天的天气真是变化无常。刚才还一点都没

　　有下雨的迹象……下雨我就没法出去了……

　　我趴在窗前望着外边。

　　"妈妈，雨下得更大了！"

　　"那就快点把窗户关上。小心得感冒。"

　　雨越来越大。不知道是因为雨声太大了，还是因为雨感到

害怕，我现在听不到知了的叫声。真想马上下去看看刚从知了
壳中出来的弱小的知了怎么样了。可是妈妈不让我出去。

"啊！好讨厌。雨停了我才能去看知了……"

"这次的雨好像要下很长时间……"

坐在一旁看报纸的爸爸说。

"爸爸，下雨的话知了怎么办呢？"

"是啊，也许会躲到树叶底下吧？你这么想知道的话，

带上伞出去看看怎么样呢？"

"现在连你也变成知了迷了吗？秉圭这孩子每天都去找知了，你也不说说他……"

妈妈很不喜欢我整天把知了挂在嘴边，而爸爸虽然什么都不说，私下里却很支持我的。

"你也真是的！孩子都放假了，出去玩玩怎么了！"

"……"

妈妈好像不想再提这件事，于是闭上嘴再也没说话。

"秉圭啊！你出去买点煎饼粉（韩国做煎饼的面粉）回来。下雨天我们吃煎饼吧。秉圭他妈你吃吗？今天我做饭，你就坐在一边等着吃吧。"

"嗯……那好吧。"

妈妈因为爸爸主动提出做饭十分高兴。但是我知道爸爸为什么这么做，他想为我制造出去看知了的机会。

雨看样子一时半会儿停不了。我打着伞在院子里四处张望，很好奇傍晚时分刚蜕壳的知了怎么样了。我看到一只刚出壳的知了还在原来的地方。它好像拼命地抓住了树叶的背部，不想被雨滴打到。不过每次雨滴滴到叶子上，总能引起叶子剧烈的晃动。它使出吃奶的力气想要牢牢抓住树叶，可是一会儿之后，它就掉在了地上的水坑里。我拿起它，想把它贴在树上。但是它好像已经没力气了，又掉在了地上。刚刚拼命蜕壳完毕，又经历了暴雨的袭击……

"不行。我要把它带回去。"

我把它带回家，小心地擦去它身上的水，然后和树枝一起放到了纸盒里。知了吃力地爬上了我为它准备的树枝。看到它移动的样子我很开心。

8月8日　今天也下雨了

今天是星期天，没什么事情做，所以我一直睡到自然醒。起床后，我看了下窗外，外边还在下雨。虽然不是晚上，但因为天空布满了乌云，天色看起来很黑。

"雨到底什么时候停啊！"

傍晚的时候我又跑去看纸盒里的知了。知了的颜色变了。昨天刚蜕壳的时候知了身上还是土黄色，今天变成黑色了。在我打开盒盖看它的时候，它突然挥动了下翅膀，叫了起来。

"秉圭啊！赶快把它送到外边去吧。我快吵死了。"

知了一发出声音，妈妈就嫌吵，非要我把它放到外边去。

"外边雨这么大，怎么能把它送到外边呢！"

"老婆！就在那儿放着吧。雨这么大，知了多可怜。"

还是爸爸厉害，他一发话，问题就解决了。知了不停地挥动翅膀，好像是在告诉我快点儿把它放出去。

"再等等吧！"

虽然知道知了听不懂我讲话，我还是小声地告诉它。昨天，这家伙还没法挥舞翅膀，今天就已经变成能用翅膀飞的样子。

现在只要等雨停就可以了。

下雨好还是不好

"雨一直到昨天晚上还下得很大，不知道知了们怎么样了。"

在补习班上课的时候，我心里一直想着知了。自从开始观察知了，我好像长大了。而且感觉在补习班学的东西很没意思，还没有观察知了学到的东西多。

一直到了下午6点雨才停。知了们仿佛要把这四天来积攒的力气全都使出来，拼命地叫着。现在我可以把前天救的那只知了放出来了。于是，我拿着纸盒走到院子里，来到了最初见到它的那棵樱花树下。

"李秉圭！"

又是尚熙。尚熙一边吃着冰淇淋，一边向我走来。看到盒子里的知了，尚熙眼珠要掉出来了。

"哇！这是你抓的吗？"

"不是抓的。"

"那是从哪儿来的？"

"我救的。"

"把它给我吧！"

"这不是玩具！"

"这又不是什么大不了的东西，有什么了不起的！"

我把知了放在地上。知了在地上扑棱了几下翅膀后飞了起来，转眼之间就躲到我看不见的地方去了。它也不对我表示下感谢，我可是救了它的命哎……不过我的心情很好。可是尚熙马上不高兴了。

"你怎么能把它放了呢？"

"不放又能怎么样？"

"不管怎么样是你抓到的嘛！"

"冰淇淋要化了，赶紧吃吧。"

我不想再跟尚熙讨论关于知了的事情了。尚熙一走，我就立刻在院子里四处张望起来。我担心的事情变成了现实。

"怎么这样！"

树底下有很多只死去的知了幼虫的尸体。其中还有已经从知了壳中出来一半身体的知了。好像是下雨导致它们都死掉了。

在这些知了幼虫的尸体周围，聚集了一堆蚂蚁。蚂蚁在幼虫的周围堆了一些土，以便它们可以爬上爬下。蚂蚁们在知了幼虫的肚子里边爬来爬去，把肚子里边的东西运到自己的窝里。看样子蚂蚁已经运送很多了。而且在死去的幼虫周围，蚂蚁还建造了几个洞，以方便运送。

天渐渐变黑了。也许是因为刚下完雨，我看到了很多只平时不常见的蜗牛。这些蜗牛比平时的要大两倍还多，让我感到很神奇，而且我发现庭院里有不寻常的事情发生。

那就是有我的拳头般大小的土块。有的地方聚集了十几个这样的土块。

"这是什么？"

我怎么看都看不明白，于是打开手电筒仔细地观察这些土块。

"你坐在粪便面前干什么啊？"

是警卫爷爷。

"警卫爷爷您好吗？这里没有粪便。"

"什么没有。就在你面前像土一样的就是粪便。"

爷爷指着土块对我说。

"这是粪便吗？"

"不要担心，它并不脏。蚯蚓的粪便对农作物很有好处。水田里如果蚯蚓多的话，土地就很肥沃哦。所以蚯蚓是很值得我们感激的动物吧？下雨使院子里的蚯蚓粪变多了，所以我们现在能看得到。"

由于下雨，庭院里的树和草都焕发着勃勃生机。而且对蜗牛和蚯蚓来说，下雨是很值得感激的事情。不下雨的话，它们还不知道躲在哪儿呢，而一下雨它们全都跑出来透气了。

由此看来，下雨具有两面性呢。一方面下雨对蚯蚓和蜗牛等动物有好处，另一方面下雨导致了知了的死亡。对人类来说很不起眼的环境变化，却是决定知了生死的关键。我愣愣地看着地上死去的知了幼虫，仿佛感受到了它们在雨中拼死挣扎的痛苦。

知了幼虫成为成年知了需要在地底下待4~5年的时间。当它们钻出土壤后只能存活15天的时间。所以，对知了们来说，这15天的时间弥足珍贵。但是这些幼虫钻出土壤，还没学会叫就死掉了。知了幼虫们在地底下通过判断天气的好坏，决定什么时候爬出来。但是由于夏天的天气本来就多变，导致这些死去的知了幼虫做出了错误的判断。

树上的知了又开始鸣叫了。它们在高兴地因为雨的结束而鸣叫，我却因为面前这些死去的知了幼虫而哭泣。

"李秉圭！你要听妈妈的话。为什么总在外面转呢？"

"……"

我什么话都没说，一时间也觉得妈妈没那么可怕了。我的眼泪不停地流出来。

"你怎么啦？跟朋友吵架了？"

"……"

我低着头回到房间，继续哭。过了一会儿爸爸进来了。

"爸爸，因为下雨，知了幼虫都死掉了。"

爸爸抱着我，拍了拍我的背。

"看来我们秉圭长大了。知道生命的珍贵了。"

"为什么只有知了死了呢？蚂蚁和蚯蚓一个都没死……"

蚯蚓粪便的秘密

　　下雨后，我们会看到野外有很多蚯蚓，还能够看到蚯蚓堆起来的土堆，这些土堆是蚯蚓从尾部排出的粪便。蚯蚓既吃树叶，也吃土。在吃土时，蚯蚓只消化吸收其中的微生物，其余的部分会全部排泄出来。说到粪便，我们都会觉得很脏，但蚯蚓的粪便却是很好的肥料。首先，蚯蚓排出来的粪便内部结构疏松，利于通风和排水。而且这些空隙可以储存水分，即使干旱时节也可以保证供水。

就像是充满水分的海绵一样。蚯蚓粪便的最大特征便是可以让植物吸收营养成分的海绵式构造。所以，它有助于植物的生长。蚯蚓并不是待在地底的一处地方不动，而是在地底到处游走。所以蚯蚓走过的地方会留下小洞。这种小洞对植物的生长也有帮助，通过小洞进到地底的风可以使植物的根进行呼吸。

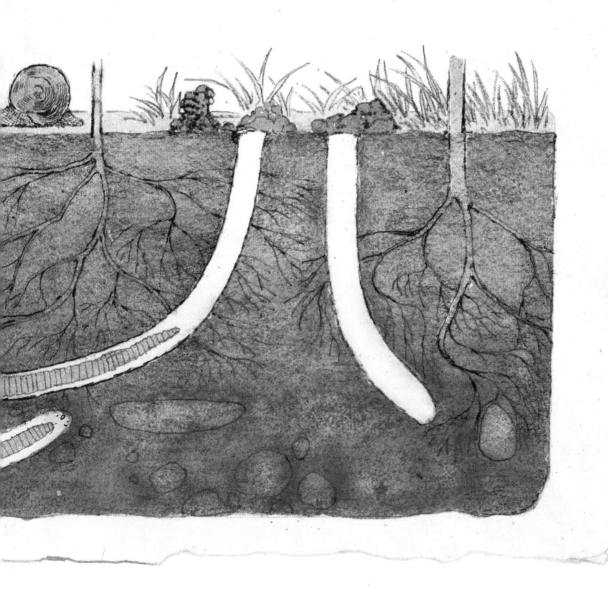

"这就是自然的规律啊。"

"那是什么啊？"

"这就是你以后继续观察知了就会明白了的。"

到底自然的规律是什么呢？下了很大的雨，那么多的知了都死去了，这就是自然的规律吗？我还是不太明白。

也许因为哭得太久，我的眼睛都肿了。早上起床后，见到爸爸妈妈感觉很难为情。不管是谁，被别人见到自己哭的样子，都会难为情吧。

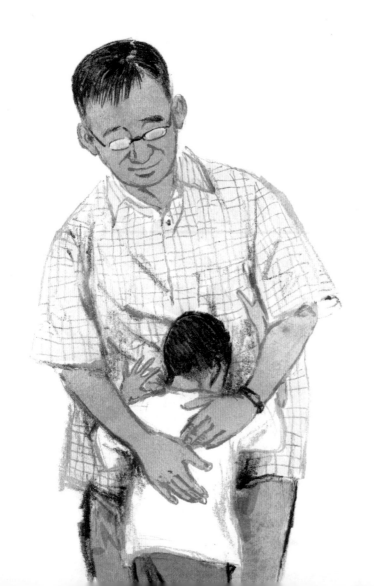

水和生命

　　秉圭因为下雨导致知了的死亡而怨恨雨。但水是生命之源。这个世界上，所有的生命都诞生于水，没有水就没有了生命。人类也离不开水。构成我们身体的成分中，水占到了70%。所以如果缺水，人们有可能失去生命。

　　一般来说，水中含有很多矿物质。钙、镁等矿物质是人和动物不可或缺的微量元素。如果人体内缺少矿物质，会对健康造成威胁。而且水还承担着向人的身体各个部分传送养分的作用。其间矿物质也包含在水中，同水一起移动。动物则通过以水为主要成分的血液来传送养分和氧。如果没有水，这个世界会怎么样呢？这个世界上将不会有一只蚂蚁，一根草。水就是生命的开始。

爱撒尿的知了

8月14日　知了爱撒尿

因为每天都在院子里看知了，现在我能很快地找到知了。虽然知了会飞，但在我看来，它更喜欢趴在树上。

"哇！好多知了啊！"

樱花树的树枝上有超过10只的知了。今天运气真好，我还是第一次见到这么多知了。

我继续观察着树上的这些知了。我正在观察的时候，尚熙拿着捕虫网走了过来。

"李秉圭！正好你在，到底知了在哪儿呢？它们叫得这么大声，我怎么一只都看不到呢？"

尚熙好像因为我也对知了产生了兴趣。她正在经历我刚开始观察知了时的困扰。看着手拿捕虫网的她，我觉得既搞笑，又有些担心。我可不想让她用捕虫网捉知了。于是我试图让她改变主意。

"你要用捕虫网捉知了吗？"

"嗯。"

"那我不能告诉你了。如果你和我拉钩约定不捉知了的话我就告诉你。比起捉住知了，安静地在这儿观察知了要更有趣呢。我会告诉你知了在哪儿的，我们拉钩吧！"

"好！那我们约好了。"

"你看那个树枝。看到了吧？仔细看看那边。很有趣的。"

"哇！好多啊。"

我跟尚熙一起安静地在那儿看着知了。知了们好像一动不动的，但是仔细看的话会发现些什么。

　　趴在树枝最下面的那只知了偶尔腹部用力，通过尾部射出水柱。

　　方向不是朝下，而是朝向两边。

　　"知了撒尿了吗？"

　　尚熙问我。

　　"嗯，好像是。前几天我见到一只一直趴在树枝上不动的知了。我想确认它是不是死了，于是晃动了下树枝。结果这家伙扑棱飞走的时候，还向我撒了尿。"

　　树枝中间位置的两只知了的尾部总是上下摆动，看上去真有趣。之后发生了一件更有趣的事情。慢慢爬动的一只知了竟然悄悄地爬到它的朋友的背上。然后被踩的朋友好像很不高兴，一直用前腿推它。

　　我以前对知了的树上生活并不了解。所以看了这个场景感到很新奇。我很好奇知了在树上是怎么生活的。今天我好像了解到了一点儿。看起来知了也跟人一样呢。知了也撒尿，也像我跟尚熙一样会起冲突。过了一会儿，又发生了一件让我跟尚熙笑破肚皮的事情。

马蝉
体长4~4.8厘米。背部呈现黑色，发亮，腿部和腹部有橘黄色的花纹。每年6月末到9月初出现。

鸣蝉
体长3.3~3.7厘米。背部有绿色的花纹和白色的斑点。腹部有银色的绒毛。每年7月初到9月中旬出现。

　　刚才那只欺负朋友的知了慢慢地爬了下去，被欺负的那只知了突然撒尿了，撒到了其他知了的头上，特别是那只欺负朋友的知了被淋得最惨。

　　"哈哈！哈哈……"

法师蝉
体长2.6~3厘米。法师蝉身上以
褐色为底，遍布绿色的斑纹。
雌蝉的产卵管在尾部的外边。
每年7月初到9月初出现。

螓蛄
体长2~2.8厘米。背部有"W"
的绿色或黄色形状。前翅有褐
色或灰色的斑纹，后翅有黑色
的斑纹。一般出现在每年的6月
中旬到9月初。

我跟尚熙看到这一幕快要笑死了。

一般来说，有尿意的时候才会撒尿，不过
偶尔撒尿也是知了保护自己的手段吧。那么上次
我晃动树枝，惊飞知了的时候，知了撒尿也
是知道我对它造成危害了吗？

太阳落山后，我发现了一只特别

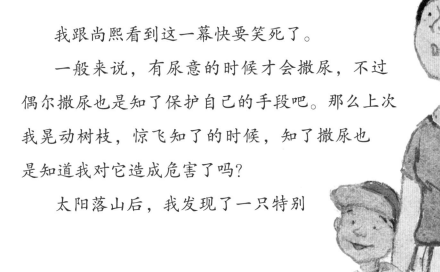

奇怪的知了。之前看到的知了大部分都是体形较大的马蝉。但是这只知了看上去很弱小。好像这家伙刚刚蜕壳完毕，正在等待身体和翅膀变干。以前我只从照片上见到过螳蛄，今天是第一次见到实物，这让我无法挪动脚步。这时妈妈找了出来。

"吃饭啦。"

"妈妈！你看看这个。很神奇吧？"

我没有回答妈妈的话，而是指着冬青上的那只螳蛄让她看。

"这是什么啊？浅绿色的哎。"

妈妈虽然比我大30岁，也没有见过这种知了。

"妈妈！等会儿再吃晚饭吧？"

我搂着正在看螳蛄的妈妈撒娇道。妈妈好像忘记刚才催过我了，又开口道：

"你该按时吃饭，不然妈妈也很累。"

"那么我吃完饭就会过来，妈妈你帮我看着这家伙吧。不能让它跑掉哦。"

于是妈妈停下了脚步。

"李秉圭！难道知了比吃饭还要重要吗？"

妈妈的嗓音比前两天温和多了。也许妈妈也想再仔细看看这只螳蛄。我一步三回头地回到家里，不到十分钟就吃完了晚饭，然后向妈妈跑去。当我经过警卫室，快到达妈妈所在的地方时，她突然冲我高喊了起来。

"秉圭啊，快点儿过来！快点儿！"

蝼蛄身上好像发生了什么事情。难道是它想逃跑？我边跑边想着。妈妈的脸上写满了惊讶。

"秉圭啊，这只知了刚才用尾部喷水了，喷的水还很多呢！"

"妈妈，那不是水，是知了撒的尿。知了撒尿很多的。"

原来没什么有趣的现象发生，我很失望地回答妈妈。妈妈和我蹲坐着继续等待知了撒尿。一会儿，知了的尾部又喷出了小水柱。这家伙每次撒尿都很多，每次都至少有它身体的1/10。

"妈妈，这只知了为什么撒尿撒得这么多呢？"

"就是……哎呀，饿死我了。我得赶紧去吃饭了。"

妈妈好像没法回答我的问题，便以吃饭为借口回家了。

知了在地底下的时候到底吃什么呢？地底下也有能吃的东西吗？如果不是吃了东西，知了是不可能撒这么多尿的……观察知了的时间越长，我对知了也越感兴趣了。

在旧书店遇到法布尔老师

今天是星期天。这一天，家人都会睡懒觉，所以11点的时候，我们才吃早饭。虽然没什么特别要做的事情，可是爸爸吃得很快。

"秉圭啊！今天和爸爸一起去旧书店吧。"

爸爸不管买什么书，一般都不买新书。所以只要有时间，他就去旧书店。

我和爸爸一起坐公交车去了清溪川。刚下公交我就看到满是杂货店的街道。别人用过的电视机，不知道还能不能拍照的旧照相机……

"叔叔，这个不能拍照了吧？"

"唉，这孩子，正因为能拍照才卖啊。"

"唉，这么古老的照相机吗？"

叔叔见我不相信，直接用照相机拍了张照。

"咔嚓！"

竟然还能用，真让人吃惊。在我看来，这个照相机又破

72

又旧，根本不会有人买的……

我一边抓着爸爸的手，一边看着街道两边的东西。直着往前走了不久，旧书店就出现在眼前了。跟着爸爸走进去，窄小昏暗的书店里堆满了书。顺着梯子走到地下一层，还是小山堆似的书。真是不敢相信，这种地方竟然卖书……

"爸爸，这真的是书店吗？"

"当然了！好好找的话，能用很少的钱淘到不错的书呢。"

爸爸随便找了个地方，就开始挑书了。我走到摆放漫画

法布尔老师讲述的故事

知了有着一张如同细长吸管似的嘴。它用这根吸管插透树皮，以吸食里边的汁液为生。当它吸食树液时，总会出现意外的烦扰。附近的蚂蚁、苍蝇、黄蜂、螳螂等昆虫闻到树液的味道，纷纷过来打扰知了进食。苍蝇落到知了的嘴边，而蚂蚁则跑到知了的后背，拖拽知了，想要占据这块地盘。知了总是很大方地和别的昆虫一起分享美食，但被蚂蚁纠缠得太紧时，它就只好飞走，把地方让出去。

那么树液里边有什么养分吗？除了水分，树液里边没有多少养分。

书的地方，突然发现一本布满灰尘的金黄色封皮的书。

《法布尔昆虫记》。

我立刻拿起这本书，惊奇地发现书中全是关于昆虫的故事。我目不转睛地翻看这本书。这本书里竟然记载了150年前法布尔老师观察知了的故事。这跟我整个夏天在庭院里观察知了的情况很相似哎。

回到家，我便打开《法布尔昆虫记》仔细翻看起来。通过这本书，我了解到了知了的食物。

所以，知了只有吸食很多的树液，才能维持生命。知了吸食到的树液中，只有小部分能被它吸收，大部分都会被排出体外。所以，知了需要不停地吸食树液。由于吸食的树液量很多，所以知了的尿也很多，撒尿的次数也特别多。

讨厌鬼的叫声

并不是所有人都像我一样喜欢知了。早晨穿着睡衣读报纸的爸爸叫住了我。

"秉圭啊！跟爸爸一起看报纸吧。"

"我不要。报纸上的字太小了，看到报纸我就头疼。"

不知道爸爸看到了什么有趣的新闻，可是报纸上的字很小，里边的意思也很难懂……

"你会后悔的哦！报纸上有关于知了的新闻呢……"

我丢下手中的漫画书，飞快地跑到爸爸身边。

"爸爸，大人们也喜欢知了吗？"我问爸爸。

大人们好像对知了不怎么感兴趣，报纸上怎么会出现关于知了的新闻呢？我关心的知了竟然登上了报纸，真是好神奇哦。

"就是说呢，应该有人感到它很吵吧。"

读完新闻后，我的心情变得沉重起来。"城市里的讨厌鬼——知了"，这个题目我就很不喜欢。报纸上的报道

XXXX年X月X日

芝麻日报

吵死了

由于晚上不停鸣叫的
知了，使很多市民都感到
不便。公司职员耳朵疼先
生（32岁）

由于知了的叫声

米粒日报

○○○○年○月○日

请只在白天叫吧！

17日，居住在首尔盘
浦洞的睡不着小朋友（11
岁）满身大汗地找到了瑞
草区政府。他之所以找到
区政府，是因为知了的叫

声。"因为太
吵，每天都
但是区政府

独家新闻 记者

△△△△年△月△日

知了的叫声，
是因为灯光太亮

最近知了不仅只在白
天叫，在晚上也不停地鸣
叫。昆虫研究所的关灯博
士（58岁）认为："知了
之所以晚上也不停地叫，

是因为把外边照得如
同白昼的路灯使知了
混淆了黑白的概念"
……

刨根问底 记者

讲因为知了的叫声，很多人都睡不好觉。所以知了的叫声现在已经等同于噪音污染了。

我走到了院子里，周围知了的叫声一下子把我淹没了。知了的声音大得就好像拿着话筒叫一样。

我买了两个冰激凌向小区的警卫室走去。其中一个冰激凌是买给警卫爷爷的。警卫爷爷正开着风扇，一下下地点着头打瞌睡。

"爷爷！"

爷爷吓了一跳，睁开了眼睛。

"啊，知了来了啊。"

"爷爷真是的，什么知了啊？我是秉圭。"

"你这家伙，你不知道现在你在小区里很出名吗？大家都叫你'知了少年'呢……整天跟在知了后边。"

大家怎么知道我整天看知了呢……我把冰淇淋递给了爷爷。

"很热吧？您吃冰激凌吧。"

我跟爷爷一起边吃冰激凌，边讨论知了。

"人们好像都讨厌知了呢？"

"是啊。知了这么吵，怎么会有喜欢它的人呢。我从农村来到首尔已经有10年了，所以在首尔已经过了10个夏天了。可还是不喜欢这家伙的叫声。这可不是一般的烦人，我连觉都睡不好。"

"哎，刚才爷爷不是在睡觉吗？"

"那，那是因为我太累了。你这小家伙，等你像我这么大岁数的时候就知道啦。每次一睡觉，不是肩膀疼，就是腿疼……"

爷爷在不知不觉中就转换了话题，开始谈起这里那里疼不疼的问题。

"但是啊，我在农村听到的知了叫声和在首尔听到的知了叫声不一样呢。跟以前'知了知了'的声音相比，现在的声音吵多了。"

从警卫室出来后，我侧耳倾听知了的叫声。仔细听就会发现，有很多种不同的声音在叫。以前我本以为知了叫声都是一样的……

"知——了 知——了"

这是最容易模仿的知了叫声。马蝉在1~2分钟之间一直发出高昂的声音，它一般喜欢持续地唱完一段音律一样

城市的精灵"马蝉"

有人说知了声是城市里最吵人的噪声。城市居民的噪声标准值是50~60分贝，而知了的叫声可以达到70~80分贝。这比建筑工地一般在60~70分贝的声音更吵。

在韩国的知了有鸣蝉、马蝉、蟪蛄、蒙古寒蝉、蚱蝉、法师蝉等。其中发出声音最大的便是马蝉。人们认为知了很吵，大部分情况下指的是马蝉的叫声。马蝉的声音不像其他知了一样有节奏，而是警笛一样的叫声，很吵人。再加上，只要有一只马蝉叫，其余的知了都会争相鸣叫，使得声音更吵。

的曲子。当远处朋友们的声音开始变大时，它也会提高嗓音。即使刚停止唱歌，如果听到朋友的歌声，它也会继续高歌起来。

"知了知了知了……"

鸣蝉的"知了知了"的声音十分短促，在最后结束时会发出很少见的声音。

螽斯的声音和鸟叫声很相似。而且叫声的节奏十分多样。

"哧——哧"

我们很难模仿螽斯的声音。螽斯虽然体形矮小，但是它的声音丝毫不逊于马蝉和鸣蝉的叫声。

在我看来，我们小区最多的知了是马蝉。马蝉的声音是

马蝉本来是分布在东南亚亚热带地区的南方季节的知了。以前马蝉只出现在韩国的济州岛地区。但是20世纪50年代以后，由于城市气温上升，马蝉的活动区域也逐渐扩大。马蝉体形很大，叫声比其他知了要响亮，生命力和繁殖能力也特别强。基于强悍的繁殖能力和生命力，马蝉的数量在生活空间和食物有限的城市中也迅速增长。人们之所以感觉现在的知了叫声比以前要吵，是因为城市中的马蝉数量急剧增加造成的。

知了中最大最吵的。人们之所以讨厌知了叫，都是因为马蝉的缘故。而且警卫爷爷在农村听到的知了叫声也许是蟋蟀或者鸣蝉的叫声。我们小区为什么有这么多马蝉呢？

吃完晚饭后，我在网上搜索了知了，发现了很多关于知了叫声的新闻报道。

"知了啊，睡觉吧。"

"因为知了，真是生不如死！"

"连知了也……"

"悦耳的知了声现在变得讨厌了。"

我到客厅喝水，睡在地板上的妈妈坐起来说道：

"因为知了的叫声都睡不着觉了！"

妈妈也因为知了的声音睡不着了。我站在窗户前，望着外边的庭院。

"这些家伙都不用睡觉嘛！"

知了不仅在大白天叫，到了晚上还不休息。可能是人们开的路灯让它们误以为这是白天了吧。但是知了又有什么错呢？因为知了的声音就把它们看作讨厌鬼。可是，我在开始观察知了之前，也因为知了的叫声很讨厌夏天的。

知了们还在不知疲倦地叫着。看来今天它们比我睡得还要晚了。

产卵的知了

"见到知了的日子不多了！"

现在秋天快到了。而且过几天暑假也要结束了。今天，我想近距离观察知了的树上生活，所以，我爬到了放在院子里的一张旧书桌上。爬到书桌上后，能更清楚地看到知了了。这时，我发现了一只举止异常的马蝉。

"这个家伙在干什么呢？"

这只知了的尾部来回摆动着。一般知了的尾部摆动，是要叫的前兆。可是这只知了并没有发出声音。我倾斜肩膀，试图看得更清楚些。

这时，一位头戴便帽，手拿照相机，看上去很陌生的叔叔出现了。这个叔叔在树底下举着照相机，不知道在拍什么，好像是在拍植物或者昆虫。

"这个叔叔到底在那干什么呢？"

我的心情很不好。这个庭院是我的领土，因为我整个夏天都在努力地巡视这里。当我的目光与叔叔的目光交汇

时，我感觉有点害怕。

"也没法逃走，真是的！"

好不容易发现知了的新动作，我舍不得挪动脚步。于是，我决定装作没看到这个叔叔。但是叔叔来到了我身边。

"你在这干什么呢？树上有什么好玩的东西吗？"

"没什么。"

我没好气地回答道。然后叔叔都没跟我打声招呼，就爬上了书桌。叔叔一上来，书桌就开始摇晃。失去重心的我，为了不掉下去，赶紧抓住了树枝。

"啊！我不应该抓树枝的……"

我很不高兴地向叔叔抱怨。幸好知了没有被惊走。一般情况下，人即使悄悄靠近，知了也会飞走。今天怎么这么安静？

"都是因为叔叔，知了差点飞走了。"

"唉！知了不是正在产卵嘛。"

"什么？正在产卵吗？"

原来这只知了正在产卵……我很吃惊地说道。

"你仔细看它的尾部。胸部下边有针一样尖利的东西。"

产卵管 ————————

叔叔拿出放大镜，让我仔细看。

"用这个能看到吧？你等会儿。"

叔叔支起三脚架，把相机固定在
上面，然后从包里拿出镜头安在相机上。

"用这个会看得更清楚。用放大镜靠近看
会妨碍知了产卵。"

用照相机确实看得更清楚。这只知了在用它针一
样的工具刺穿树枝。

"叔叔，那个针是什么？"

"那是产卵管。就是产卵的器官。"

产卵管现在做的动作跟知了吸食树液的动作很相似。知了用它的六条腿牢牢地抓着树枝，使劲将产卵管刺进树枝内。

过了一会儿，知了的尾部就开始轻轻颤动，然后产卵管慢慢从树枝里出来了。

"叔叔，知了的尾部在发颤呢。它怎么了？"

"它正在将肚子里的卵通过产卵管输送出来。产卵管在树枝上刺了很深的洞以后，把卵聚集在产卵管处。这样等到产卵管从洞里出来时，就能把卵留在洞里了。"

知了的产卵管出来后又换了个位置，继续用产卵管刺穿树枝。然后又把产卵管拔出来，这期间大概花了1分钟。

看到这些我很惊奇，我很兴奋地想告诉别人我见到了知了产卵。

我跟戴帽子的叔叔一起去商店买饮料喝。

"叔叔，这个世界上有几个人见过知了产卵呢？"

"肯定没几个啦！你是不是那个知了少年？"

"咦！叔叔怎么知道的？"

"你这家伙，这个小区里没几个人不知道你啊。"

"叔叔是做什么的呢？"

"我叫崔东焕。我们握握手吧。我正好奇谁是知了少年呢。你以后叫我哥哥吧。"

我偷偷地笑着，没想到我这么有名了！我跟东焕哥握了手。

　　"哥哥你是做什么的呢？昆虫博士吗？"

　　"我不是昆虫博士。我也在这个小区里住，我是农业生物专业的大学生。"

　　"农业生物专业是什么？"

　　"就是找出妨碍农作物生长的动物或昆虫，研究如何防止农作物遭受伤害的专业。所以，我们要跟法布尔一样懂很多关于昆虫和动物的知识。"

　　"哇，好酷啊！那么哥哥也喜欢知了吗？"

　　"在我小学四年级暑假的时候啊……"

　　"咦！我也是四年级。"

　　我很想找出跟东焕哥的相似之处，因为我想成为东焕哥那样的人。东焕哥摸了摸我的头。

　　"当时的作业是选择一种昆虫写观察日记。那时候，我第一次见到了知了蜕壳的过程，感到特别神奇，从那时候起我就喜欢上了知了。现在回想起来，知了给我印象最深的就是蜕壳和交配了。"

　　"真的吗？我也想看知了交配，我还没见过呢。知了是怎么交配的呢？"

　　"两只知了的尾部交叠在一起就表明它们在交配。很容易见到的，原来你还没见过啊。"

"为什么我看不到呢？"

"观察昆虫可不能心急，要慢慢地等待，那么有一天你会有惊奇的发现。当然运气也很重要了。下次你一定可以看到的。我也是到现在还没见过知了卵呢。耐心等待总会看到的……"

我很羡慕见过知了交配的东焕哥。

知了什么时候交配，怎么交配呢？

知了钻出土壤后必须要交配产卵。雄知了发现附近的雌知了时，会翘起尾部，发出响亮的叫声，也就是唱求爱的歌曲。然后，雄知了慢慢地靠近雌知了。如果雌知了没有逃走，则意味着交配的开始。如果雌知了飞走了，则表明雌知了要去寻找别的交配对象了。相爱的雄知了和雌知了在交配时，会将尾部的生殖器相结合。这时，雄知了的精子进入雌知了的身体内部，完成受精。

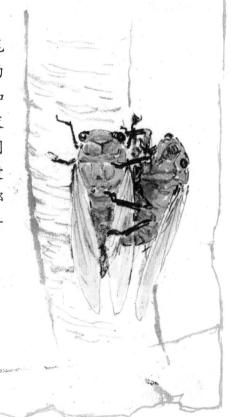

"你的脸都晒黑了。以后观察知了的时候戴上这顶帽子吧。"

东焕哥把头上的帽子摘下来戴在了我的头上。戴上东焕哥的帽子，我感觉自己也变成了东焕哥一样的昆虫专业的大学生。东焕哥走了以后，我在知了产卵的树枝上划了一道痕迹，方便以后再来观察知了卵。

"卵长什么样呢？"

回到家后，我跑去翻看昆虫图鉴。

"卵呈细长状，颜色为乳白色。"

关于知了卵的说明只有短短的一行字。我想用我的眼睛亲自看看知了卵，见证它的变化过程。但是又不知道该怎么做。我也不能把眼睛伸进卵所在的洞里。

现在暑假就要结束了。我又该上学了。

漫长的秋季和冬季

虽然夏天已经结束，秋天刚刚来到，我仍然戴着东焕哥送的帽子。中秋快要到了，我还能听到知了的叫声。知了"吱吱"地叫着。爸爸说那是"毛蟪蛄"。它的叫声一点都不像知了叫，虽然它是知了。

毛蟪蛄
体长2.3厘米。颜色跟蟪蛄相似，但它的体形要更粗壮。后翅为黄色和褐色。因为出现的时间比蟪蛄晚，所以又叫晚蟪蛄。常见于9月到10月。

11月的某一天　发霉的知了

　　随着秋色渐浓，树枝上到处都是眼睛部分变白的知了。它们都是死掉变僵硬的知了。有的知了身上满是白色或绿色的霉斑。而且树上到处都有知了幼虫蜕壳留下的知了壳。看到树上的这些知了壳，让人有种夏天的感觉，而实际上冬季快要到了。

12月的某一天 知了产卵的那根树枝干枯了

前几天新闻上说，由于天气太冷，有的地方自来水管被冰冻，导致有些居民家里无法正常用水。

早上起床后，我发现世界变成了雪白色。昨天下了一晚上的雪。但我并不开心，我担心知了卵因为天气太冷而死掉。

在12月结束之前，知了产卵的那个洞什么变化都没有。变化的只是知了产卵的那根树枝。那根树枝已经干枯了。在等待夏天到来的这个冬天，我听东焕哥说了很多有关昆虫的事情。

第二年春天，终于见到了知了卵

第二年的4月6日　小米粒大小的卵

　　几天前开始吹起暖和的南风。春天来了。我看到去年夏天知了待过的那棵树，树上开满了白色的花朵。

　　"原来这就是樱花树啊！"

　　在观察知了之前，我没有意识到树木发芽、开花会跟我有什么关系，而现在一切对我来说都很新奇。

　　"现在天气变暖和了，你又要开始跟在知了后面了吧？"

　　是警卫爷爷。

　　"您好吗？"

　　跟警卫爷爷打完招呼，我便去寻找知了产卵的那根树枝。

　　"咦！去哪儿了呢？昨天还在这儿呢……"

　　我整个冬天，一天都没落下观察的那枝树枝消失了。

　　"这是什么！"

　　我惊奇地叫了起来，仔细看了下，原来那根树枝折断

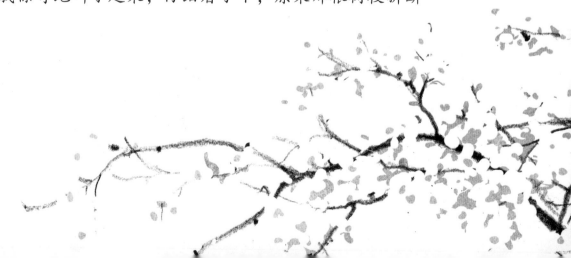

了，摇摇欲坠地挂在下面的树枝上。

　　我想问警卫爷爷是不是剪过树枝了。

　　"爷爷。你剪过树枝吗？知了产卵的那个树枝掉下来了。"

　　"也许是鸟干的。最近天气变暖，鸟经常在上面飞来飞去。"

　　我拿起树枝观察，上面知了产卵的部分完好无损。

　　"东焕哥都没见过这个呢……"

　　也许鸟听到了我的许愿。现在我也有能向东焕哥炫耀的事情了。知了卵很小，像米粒一样。卵的一端有很小的点状。看到卵，我想起了成年的知了。

　　"这么小的卵里边会有知了吗？"

　　真不敢相信知了是从这里边长出来的。

树枝折断的地方正好可以看到知了刺穿的孔。

孔里边大约有10个卵。我看到的那只知了好像在树枝上刺穿了十几个孔，这么说一只知了产了上百只卵呢。

"嗖——！"

突然刮起一阵风，将树枝上的卵吹走了一大半。

"哎呀！我不应该动它的……"

我怀着愧疚的心情在四周找了下，并没有找到卵。因为我改变了这些小生命的命运吗？我把断掉的树枝放回它原来的地方。

最近我很难见到东焕哥，因为他也要上学了。

知了卵

知了卵呈米粒状，颜色为奶白色。更准确地说，知了卵要比米粒更细长，大小约2毫米。知了幼虫会从这么小的卵中孵化出来，真是令人难以置信。卵的一端带有褐色的斑点。这是知了幼虫的眼睛。距离孵化的时间越近，它的眼睛就越明显。

第二年5月14日 "一定要活下来！"

"东焕哥！这段时间怎么没见你呢？"

"我去江原道做昆虫调查了。"

终于见到了东焕哥，我跟他讲了之前发生的事情。

"东焕哥，我见到知了卵了。"

"在哪儿见到的？"

"去年夏天知了产卵的那根树枝断掉了。我在树枝的断裂处看到知了卵了。"

我把断掉的树枝拿给东焕哥看。

"卵跟小米粒差不多大小。每个孔里差不多有10个卵。"

我详细地向东焕哥说明我观察到的事情，就像我变成了东焕哥的老师一样。

"真是令人惊讶呢！不过还没有一个幼虫破卵而出呢。"

"东焕哥，你见过别的昆虫卵孵化出来幼虫吗？"

"我在家还直接孵化过呢。只要营造合适的环境，不管什么时候都可以让卵孵化出幼虫呢。有的卵几天就能孵化，有的需要2~3周的时间。但是像知了卵一样需要这么长时间的，我还真没见过。现在的卵跟去年的时候一样没什么变化啊。"

"但是这个卵是活的吧？看着不像活的呢。跟去年见到的时候一模一样。"

"我也不知道它到底活着没。不管怎么说，经历寒冬的卵要比别的昆虫卵更艰难吧。太娇弱的卵在寒冬中很难存活的。再加上它们也不能移动，有可能成为别的动物的食物。不过知了卵藏在树枝里边，应该很难成为别的动物的食物。"

"东焕哥，知了卵什么时候会孵化呢？"

"这个嘛，我也不知道。你去打听了再教给我怎么样呢？"

还有东焕哥不知道的事情……产在树枝里的卵能安然无恙地度过秋天和冬天真是让人吃惊。不过，为什么知了会用产卵管刺进树枝，把卵产在树枝里呢？也许是知了妈妈没法在冬天保护这些卵，所以把它们藏到树枝里边吧。

"一定要活下来！"

我在心中默默地祈祷，希望这些卵不要死，能顺利地孵化出知了幼虫。

第二年6月8日　消灭知了的方法

"到底知了卵什么时候孵化呢？"

爸爸下班回到家后，我走上前去问他。

"爸爸，知了卵什么时候孵化出来呢？书里也没写。"

这时妈妈插了一句话。

"爸爸刚下班很累，你安静会儿吧。到现在还是知了迷吗？"

我没有理会妈妈，继续问爸爸。

"那个啊，爸爸也不知道。"

真郁闷。东焕哥不知道，爸爸也不知道，我怎么会知道呢？过了一会儿，连晚饭都没吃，一直坐在电脑前的爸爸大声叫我。

攻击果树的知了

马蝉把卵产在树枝里边，会导致树枝的干枯。干枯的树枝如果太多就会减少果实的数量。而且马蝉不仅在树上产卵，还在果实上产卵，影响果实的健康。知了卵一般在6月末~7月中旬孵化出知了幼虫。知了幼虫钻进土壤中，依靠吸食树根的汁液为生，对树的成长造成危害。

消灭知了的方法

撒药并不是消灭知了的最有效的方法。人们可以剪掉知了卵所在的树枝并烧掉，或者捉住并杀死知了幼虫。而最好的方法则是在树下铺网，使知了幼虫没法爬到树上。

"找到了，找到了。秉圭啊，快来看！"

我飞速地跑过去。

"上面说马蝉卵在6月末7月初孵化出知了幼虫，再等一段时间就能看到知了幼虫从卵中出来了。"

"那么再等等就能看到知了幼虫啦。爸爸你是怎么查到的？"

"农业技术园网站上有资料哦。"

"为什么农业技术园网站上会有关于知了的资料呢？"

"知了是损害农作物健康的害虫。所以，为了告诉大家消灭知了的方法，上传了这些资料。"

听了爸爸的话我吓了一跳。网站上竟然上传了消灭知了的方法。爸爸给我看的资料，详细说明了如何防止知了蜕皮。阻止一只幼虫蜕皮，即成功防止它产下数百只卵，也就能有效减少以后知了的数量。大人们为什么要这样做呢？知了那么小，又能吃多少桃子或者苹果呢……

我突然开始讨厌东焕哥了。他说过他的专业是研究伤害农作物的昆虫。也许他那么用功，就是为了找出杀死知了的方法。也许他是故意接近我，好找出杀死知了的方法。

"我再也不跟东焕哥一起玩儿了！"

"也不跟他说话了！"

第二年6月17日　我跟东焕哥不熟

从上周开始我一直故意避开东焕哥。去庭院里观察知了之前，我也会先看看东焕哥在不在。昨天我本来想出去，可是见到东焕哥在外边，就没有出去。

我跟妈妈一起从市场回来的时候碰到了警卫爷爷。

"您好吗？"

"好久不见了！对了，崔东焕在找你呢。"

"我跟那个哥哥不熟。"

我没好气地回答。

"你们吵架了吗？"

"我怎么会跟那个哥哥吵架。他个子比我高那么多……不管怎么说，我跟那个哥哥不熟。"

"去年夏天你们还整天形影不离地一起玩儿呢……"

"……"

我什么话都没说就回家了。要是有一天我碰到东焕哥了该怎么办呢？

马蝉的一生

产卵

交配后，雌知了在树枝的表面刺穿30~40个小孔，并在每个孔里产10个左右的卵。

在树枝中度过寒冬

知了卵在树枝中度过秋季和冬季，等来年6月的时候开始孵化幼虫。

钻进地底的知了幼虫

孵化出来的幼虫钻到土壤中。

幼虫的地下生活

幼虫用针一样的嘴刺穿树根，以吸食里边的树液为生，它们大概在地底生活4~5年。

钻出地面的知了幼虫

知了幼虫在地底的时候经历多次蜕皮。每次蜕皮幼虫都会长大。在地底生活4~5年后幼虫破土而出。

蜕壳

钻出地面后，幼虫爬到树上开始蜕壳。蜕壳后的知了大约在15天后就会死去。

产卵

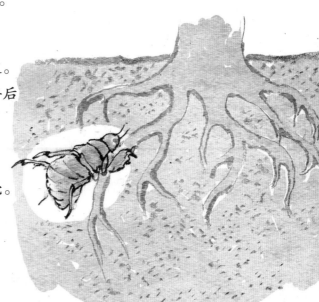

幼虫的地下生活

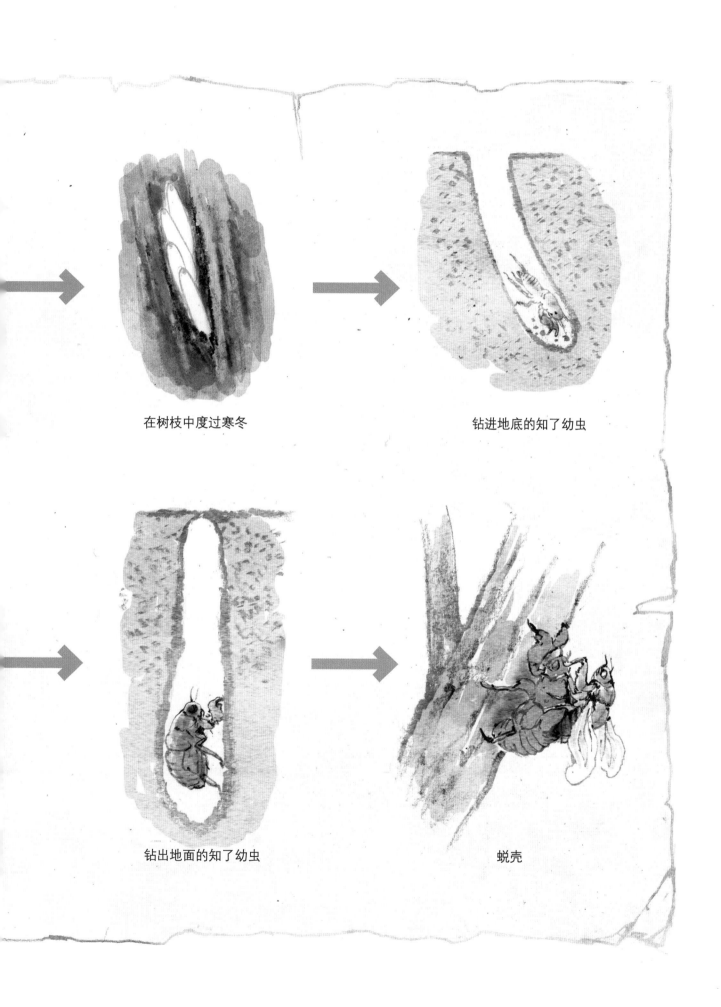

在树枝中度过寒冬

钻进地底的知了幼虫

钻出地面的知了幼虫

蜕壳

再见，知了幼虫！

"秉圭啊！"

当我在庭院里观察知了产卵的那根树枝时，东焕哥出现了。我没有搭理他。

"咦，我们知了少年好像很不高兴哦？"

"不要跟我说话！哥哥不是为了杀死知了才用功读书的吗！赶快走吧！"

我突然发起火来。东焕哥什么话都没说，静静地站在我身旁。我心里有点愧疚，所以就告诉他我在农业技术园网上查到的东西。

"我不会杀死知了的。我用功读书是为了找出让昆虫和人类一起生活的办法。"

"真的吗？"

东焕哥和我拉钩保证了这件事。

东焕哥走后，我一个人望着那根断裂的树枝。突然有点担心起来，如果树枝又像上次一样被风吹下来怎么办？我希望知了卵能安全地孵化出来。

108

第二年6月21日　被丢进垃圾桶的知了卵

"妈妈！你见到桌子上的树枝了吗？"

我把有卵的树枝带回家已经两天了。今天一到家就发现原本放在桌子上的树枝不见了。

"你把树枝带回家干什么？妈妈清扫房间的时候把它扔进垃圾桶了。"

"你怎么能把它扔了呢？"

我向妈妈发火道。

"哎呀，吓我一跳。那是什么大不了的东西嘛，还冲我大声嚷嚷。就是因为你经常拿些乱七八糟的东西进屋，所以房间才会变脏啊。"

"那是有知了卵的树枝，赶快帮我找出来吧！"

我跟妈妈一起走到小区垃圾箱面前，在垃圾堆里面翻了一个多小时才找到那根树枝。

"下次不要把这种东西带回家了。"

回到家后，妈妈什么话都没跟我说。因为知了卵，我好像伤到了妈妈的心。我也很后悔刚才对妈妈大喊大叫。

第二年6月23日　谁都不知道的幼虫孵化方法

　　已经过了好几天了，知了卵一点儿变化都没有。我觉得不能对卵就这么放任不管，于是到处寻找孵化幼虫的方法。但是百科全书和网上都看不到孵化幼虫的方法。爸爸也不知道怎么孵化幼虫。法布尔老师好像也没提孵化幼虫的方法。《法布尔昆虫记》里边提到把卵带回家，不用管它，它自己会孵出幼虫。没办法，我到昆虫爱好者协会网站写了一个求助如何使知了卵孵化的帖子。

第二年6月29日　孵化幼虫的方法

　　直到今天昆虫爱好者协会上面才有人答复我。孵化知了幼虫的方法很简单。只要为知了卵制造出适合它孵化的环境就可以了。不管怎么样，我决定按照这个方法试试。

准备一个透明的玻璃器皿

　　只要能看到里边的东西，即使不用玻璃器皿也可以。因为这样做说不定可以看到孵化出来的知了幼虫往土里钻的样子。

铺上土

从卵中出来的知了幼虫会立刻钻入土壤中，一直在地底待好几年。所以玻璃器皿中也应该铺上一层厚厚的土。然后将树枝放进器皿中。如果器皿太高，很难看清树枝的话，可以在器皿中放一个杯子，将树枝倚靠在杯子上。

洒水

洒水是为了营造出树枝在外边时的状态。如果树枝仍旧在庭院中，那么树枝上既会有露珠，又会有雨水。每天用喷雾器喷洒两次水。

第二年6月29日　就像浇花一样……

"我浇的水太多了吗？"

我每天都像浇花一样往树枝上洒水。

"这样做真的可以让卵孵出幼虫吗？"

妈妈好像也很想知道知了卵什么时候孵出幼虫。

我怀着忐忑的心情每天守护着树枝。而且总是担心幼虫在我睡觉的时间里孵出来，所以我经常从睡梦中醒来，然后跑去看盛着树枝的玻璃器皿。由于每天晚上睡不好觉，所以白天我变成了瞌睡虫，整天打瞌睡。

第二年6月30日　卵终于破了

"妈妈，出大事了。"

今天早上，我期待已久的事情终于发生了。树枝上出现了白色的斑点，我仔细看了看，推断这是卵孵化后的卵壳。我立刻打电话给东焕哥。

"东焕哥，你快点儿来我家吧。卵好像开始破了。"

东焕哥飞快地跑到我家。我、东焕哥，还有妈妈一起盯着玻璃器皿，寻找孵化中的知了卵。但是卵太小了，很难找到。应该已经有幼虫出来了，可是怎么找都没有找到。

"难道都已经钻到土里去了吗？"

"不会。即使有孵化出来的幼虫，肯定还有没孵化出来的。这么多的卵怎么会都孵化完了呢？"

东焕哥拿出相机，支好三脚架。我们三个人轮流透过镜头观察树枝。将东西放大的照相机真的好像魔法一样。透过相机，可以清晰地看到卵壳。但还没有找到小米粒大小的知了幼虫。

"哇！出来了。那里，那里，那个黑色眼睛、白色身体的那个。快看。"

通过照相机正在观察树枝的妈妈突然叫了起来。顺着妈妈手指的方向望过去，果然在一个小孔中有只卵正慢慢地往

外爬。它正在慢慢地将身子移到小孔外边。刚冒出头来的这只卵，眼睛真的是黑色的。大约20分钟以后，它终于从小孔中爬了出来。

还没蜕掉外壳的这只卵长得有点像菜青虫。它慢慢移动的样子真的很神奇。

妈妈轻轻地敲了下我的脑袋。

"这孩子怎么哭了……"

不知不觉中我哭了起来。一年的等待终于有了回报。

这时卵停住了脚步，一会儿，黑色的斑点被穿透了，知了幼虫的眼睛首先出来了。幼虫一点一点地移动身子，把卵壳完全蜕掉。被蜕掉的卵壳像喇叭花一样。虽然幼虫长得很

不起眼，但观察它诞生的过程真的很精彩。现在它已经从知了卵变身成了知了幼虫。

知了幼虫刚出壳就开始挖土，试图钻进去。从东焕哥的相机里，我看到知了幼虫全身为黄色，除了没有翅膀，其他的地方跟成年知了没什么两样。就好像是用黄色的橡胶做成的知了玩具。

这只幼虫到处爬，用前腿挖土，试图进入土壤里边。跟幼虫的身体比起来，土壤中的土块就像小山一样，不过看起来幼虫的前腿很有力，钻进土壤中的它又钻了出来，然后又开始挑选别的地方开始钻。

"东焕哥，这只幼虫好像把这个玻璃器皿当成庭院了。里边的土铺得太浅了，好像不适合它生活……"

"对啊。是时候该把它移到庭院里去了。"

"东焕哥，我们留它们一天吧，明天再送走不行吗？"

我很不情愿现在就跟它们分开。东焕哥同意了，我跟他一整天都在观察知了幼虫。幼虫的样子我真是百看不厌。东焕哥一直给它们拍照，并且在本子上面记录着什么东西。我也拿出了纸笔，把幼虫的样子画下来。

第二年7月1日 再见，知了幼虫！

凌晨5点，天还没亮的时候我就醒了。我跑去看玻璃器皿，破卵而出的幼虫更多了。我没吃早饭，就走到了院子里，把这些家伙都放到树枝上。

趴在树枝上的幼虫们随风飘到了地面上。对这些小家伙们来说，地面上的土块就跟小山一样。它们纷纷开始挖土。为了把土块挖开，它们好像用尽了力气。这边进不去，就换到别的地方继续挖。一会儿工夫，这些幼虫都消失了。

现在它们至少要在地底待5年。等到它们的身形比现在大上百倍、上千倍的时候就会钻出地面了。

"再见，知了幼虫！"

再次等待夏天的到来……

今年夏天知了的叫声听起来跟去年夏天的很不同。整个夏天，我一直在寻找交配的知了，但最终也没能找到。可能是我在小区里太出名了，知了们选择更隐秘的地方去交配了。

夏天过去，秋天又一次来临。整天吵得人耳朵疼的知了安静了下来，蟋蟀开始唱歌了。我问警卫爷爷，蟋蟀的叫声是不是很吵。

"吵什么，现在秋天来了。"

好像没有人受不了蟋蟀的叫声。但我也没听谁说过知了被别人家的鸡吃掉了，或者谁家的树林被知了毁了。也许知了也嫌我们人很吵吧。

　　实际上汽车的声音和工厂的噪声比知了的叫声要吵多了。

　　我们小区的知了特别多。在很久很久以前，人们还不住在这里的时候，就已经有知了生活在这里了。这么说，其实我们小区的真正主人应该是知了才对。如果说过去与现在有什么不同，那就是曾经知了生活的这片土地，现在成为知了和人类共同生活的地方了。真希望人和知了都不要觉得对方太吵。这个世界上并不是只有人类存在，还有知了等动物和植物的存在。

　　我见证了知了的生命和死亡，现在再也不会因为知了的叫声而讨厌夏天了。我已经开始期待来年的夏天了。

　　　　　　　　　　　　　　　　　秉圭的日记 完

图书在版编目（CIP）数据

知了，你在做什么？ / （韩）朴性浩著；（韩）金东成绘；邢青青译 .
— 北京：北京联合出版公司，2013.6（2020.6 重印）

（我的自然观察笔记）

ISBN 978-7-5502-1545-0

I.①知… Ⅱ.①朴…②金…③邢… Ⅲ.①蝉科 –
少儿读物 Ⅳ.①Q969.36-49

中国版本图书馆CIP数据核字(2013)第110170号

北京版权局著作权合同登记 图字：01-2013-3043号

我的自然观察笔记

知了，你在做什么？

著　　者	[韩]朴性浩
绘　　者	[韩]金东成
译　　者	邢青青
责任编辑	徐秀琴　昝亚会
项目策划	紫图图书 ZITO®
监　　制	黄　利　万　夏
营销支持	曹莉丽
版权支持	王福娇
装帧设计	紫图装帧

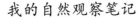

北京联合出版公司出版

（北京市西城区德外大街83号楼9层　100088）

艺堂印刷（天津）有限公司印刷　新华书店经销

字数200千字　720毫米×1000毫米　1/16　33.5印张

2013年6月第1版　2020年6月第2次印刷

ISBN 978-7-5502-1545-0

定价：199.00元（全4册）